绝妙大盘

本书编委会 编

新疆科学技术出版社

图书在版编目（CIP）数据

绝妙大盘 / 本书编委会编．—乌鲁木齐：新疆科学技术出版社，2022.5

（知味新疆）

ISBN 978-7-5466-5202-3

Ⅰ．①绝… Ⅱ．①本… Ⅲ．①饮食－文化－新疆－普及读物 Ⅳ．①TS971.202.45-49

中国版本图书馆 CIP 数据核字（2022）第 255741 号

选题策划 唐 辉 张 莉
项目统筹 李 雯 白国玲
责任编辑 吕 才
责任校对 牛 兵
技术编辑 王 玺
设　　计 赵雷勇 陈 上 邓伟民 杨筱童
制作加工 欧 东 谢佳文

出版发行 新疆科学技术出版社
地　　址 乌鲁木齐市延安路 255 号
邮　　编 830049
电　　话（0991）2870049　2888243　2866319（Fax）
经　　销 新疆新华书店发行有限责任公司
制　　版 乌鲁木齐形加意图文设计有限公司
印　　刷 北京雅昌艺术印刷有限公司
开　　本 787 毫米 × 1092 毫米　1 / 16
印　　张 5.5
字　　数 88 千字
版　　次 2022 年 12 月第 1 版
印　　次 2022 年 12 月第 1 次印刷
定　　价 39.80 元

出品单位

新疆人民出版社（新疆少数民族出版基地）

新疆科学技术出版社

新疆雅辞文化发展有限公司

目 录

新疆有广袤的大地，新疆人有豪放、朴实的性格。

很难说清，这二者之间是否有特别的关联。但是，新疆人在饮食上确实崇尚简单实在、纯粹酣畅，不仅要大口吃肉，还要大盘吃肉。

应运而生的大盘系列，是新疆美食中最爽口浓香的味道；而新疆大地的丰厚物产，也为新疆大盘的多样与厚重提供了可能。

这些大盘里的绝妙滋味，是人们对生活的憧憬和热爱，也是对这片土地的深情眷恋。

红香绝味

辣子鸡

每一条街道都有独属于自己的故事，恰如每一道美食都有它独特的滋味。一盘辣子鸡所带来的味觉记忆，是能从舌尖味蕾浸透到骨子里的滋味。

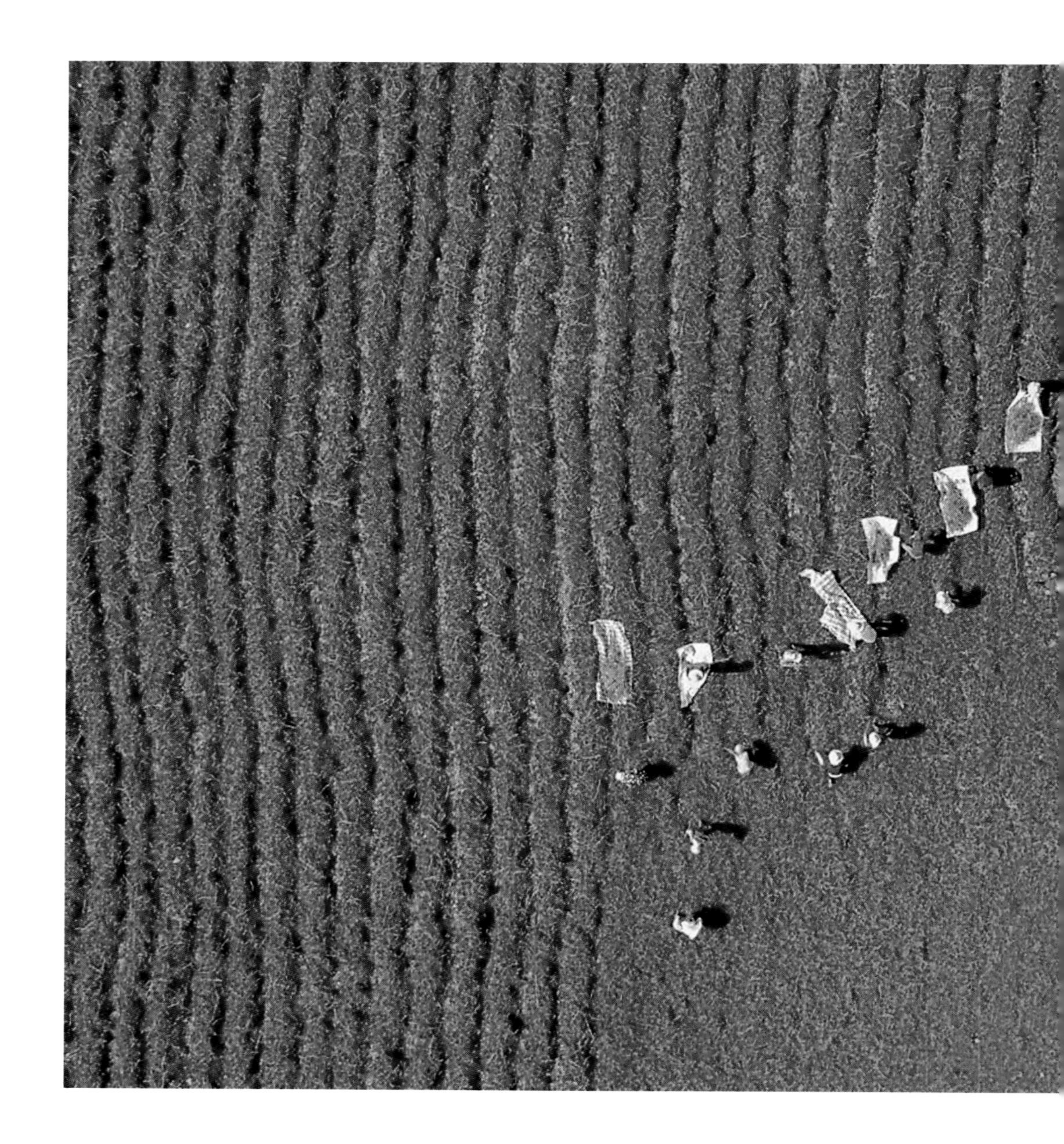

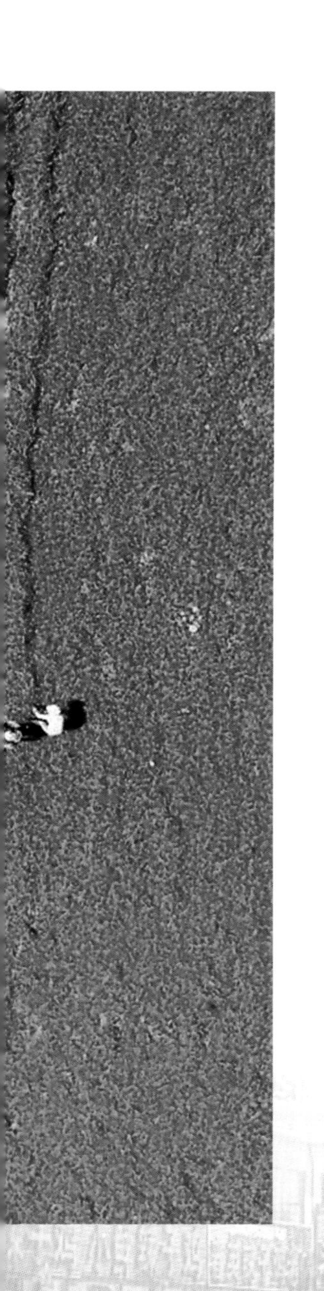

每年 9 月上旬，安集海都会迎来丰收的季节。

口感纯正、辛辣适中的安集海辣椒会被运到全疆各地。

它们将与一道别具风味的美食相遇。

柴窝堡，位于乌鲁木齐市区东南约 40 公里处，是从乌鲁木齐前往南疆和东疆的必经之地。

在以往交通不发达的年代，早上从乌鲁木齐出发，到达柴窝堡时正好赶上饭点，柴窝堡的餐饮由此得以兴旺。

在一条名为“柴窝堡辣子鸡一条街”的马路两边，开着数百家风味不同的辣子鸡店。

人们专程到柴窝堡去，只是为了品尝这种“大盘”的美味。

辣子鸡，原本是一道川渝地区的传统名肴，流传到新疆后，有了一定的改良。来自安集海的干红辣椒，使得新疆辣子鸡别有一番风味。

制作过程

新鲜的三黄鸡，洗净后剁成小块。

葱姜蒜和花椒在油锅里一同被爆香，鸡块在锅铲下欢快地滚动，各种香味被油锁进鸡肉当中。

将锅里的汁水收干，放入辣椒一同翻炒。鸡肉的色泽很快变得红棕油亮，此时辣子鸡便可以出锅了。辣中带香，香中带脆，吃起来回味无穷。

陈志坚在柴窝堡经营着一家辣子鸡店，这是父母传给他的一家老店。

开饭馆很辛苦，陈志坚已经习惯了这种忙碌。他用心烹制每一盘辣子鸡，小心维系着来之不易的口碑。

有品质的滋味，是他面对市场最大的底气。

柴窝堡辣子鸡是一个能将味道烙在人们味蕾之上，永不磨灭的“新疆诱惑”。其最大的特点就是香，还没进门就能感觉到那带着浓烈西北风味四溢的香辣。人们常说“未见其人，先闻其声”，辣子鸡则是“未见其容，先闻其香”。

关于柴窝堡辣子鸡的来历，要追溯到20世纪80年代中期。随着柴窝堡湖知名度的提高，前来观光旅游的游客慢慢多了起来。刚到新疆没多久的陈家乔和苏宪兰夫妇一合计，就在柴窝堡湖边开起了一家小餐馆。起初，他们除了经营带有上海风味的卤鸡外，还卖些小吃。随着312国道附近开始修建铁路，各地的建筑公司和过往的车辆逐渐增多，来餐馆吃饭的人自然也多了起来。为了留住顾客，陈家乔开始研究新式菜品。由于自己是湖南人，最爱吃辣，他就尝试着用辣子炒鸡。这一炒，竟炒出了特色，不仅自己吃得过瘾，南来北往的食客们也吃得过瘾。卤鸡店逐渐变成了辣子鸡店，甚至很多人慕名而来。在陈家乔的带动下，周围的饭店经营者转变经营模式，逐渐形成规模，柴窝堡辣子鸡的名声也就越来越大了。

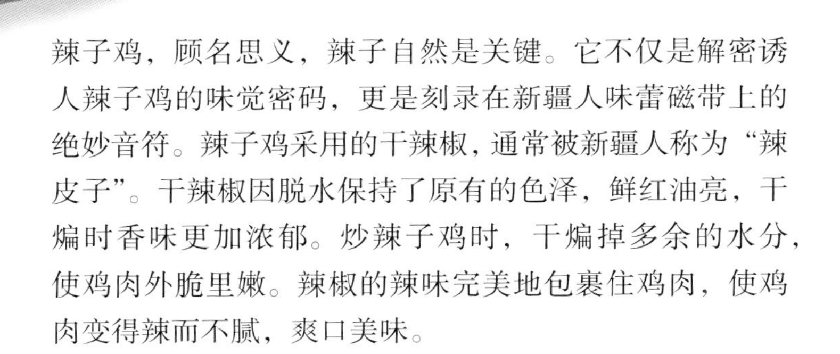

辣子鸡，顾名思义，辣子自然是关键。它不仅是解密诱人辣子鸡的味觉密码，更是刻录在新疆人味蕾磁带上的绝妙音符。辣子鸡采用的干辣椒，通常被新疆人称为“辣皮子”。干辣椒因脱水保持了原有的色泽，鲜红油亮，干煸时香味更加浓郁。炒辣子鸡时，干煸掉多余的水分，使鸡肉外脆里嫩。辣椒的辣味完美地包裹住鸡肉，使鸡肉变得辣而不腻，爽口美味。

采用干煸的烹饪技巧，不得不说是辣子鸡直击心坎的绝妙之笔。干煸，本是川菜制作中常用的烹饪技法，但现在早已不再局限于川菜的料理中。“干煸”可以简单地理解为“煸干”，其最主要的特点是通过油温加热的方法，使食材中的水分因受热外溢而挥发，以达到浓缩香味的效果。成菜一般具有金黄油亮、干香滋润、酥软化渣、无汁醇香等风味特点。别看只是简单的干煸，却是对厨师掌握火候和力度的考验。干煸忌用大火，因为过大的火力会使原料汁水在煸炒过程中粘锅，甚至焦锅。若火候太小，则会使口感不够干、味道不够浓。同时，由于这种煸炒过程受热时间长，受热均匀度差，稍不留意成菜外观就会色暗无光。因此，一盘优质的辣子鸡，是对厨师不小的考验。

一盘优质的辣子鸡，是对厨师不小的考验。

食材因干煸而带来的风味和质地的变化，是辣子鸡让人欲罢不能的秘诀。如果说大块朵颐是新疆人性格的豪放，那在辣椒中寻找酥脆的鸡丁，便是让新疆人欲罢不能的舌尖乐趣。在辣子鸡里，除了诱人的鸡肉外，最不能放过的当属配料中的辣椒。辣中带甜的新疆辣椒，既保障了辣子鸡独特的口感，也是所有食材里唯一可以当主角的辅料。地道的新疆人吃辣子鸡，绝对不会浪费掉最后一口辣皮子。

新疆广泛种植辣椒。独特的地理条件、充足的日照时间、生产加工技术的提高以及人们饮食习惯的改变，使得辣椒种植面积迅速扩张，成为新疆“红色产业”的重要经济作物之一。赋予了新疆炫目色彩的辣椒，是绿洲上最鲜红的点缀，其中最为出名的，当属博湖县、焉耆县和沙湾县的辣椒。

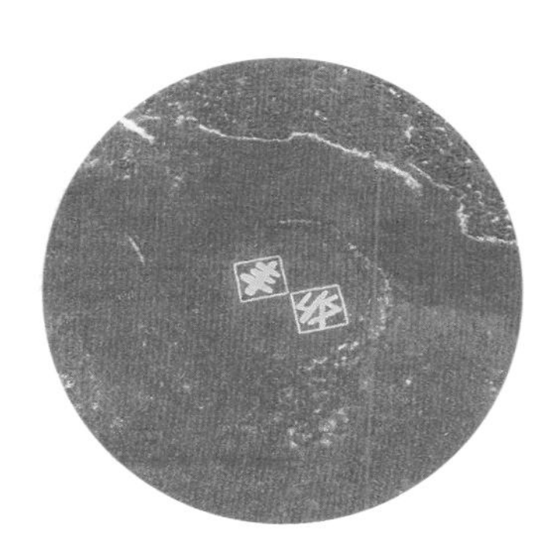

柴窝堡辣子鸡作为将辣椒特点用到极致的一道美食，选用的是塔城地区沙湾县安集海镇所产辣椒。安集海所产辣椒，鲜椒色泽鲜红，皮薄肉厚，光滑细长，具有明显的线椒特征；晒制成干椒后，外观折皱多，颜色红亮，品性优良。

安集海辣椒之所以出名，得源于其优越的地理位置以及独特的光、热、水、土等资源。安集海镇境内位于河流冲积扇平原，地势南高北低；耕地土壤类型主要以壤土为主，土地肥沃，土质湿润疏松，富含磷、钾；良好的灌溉条件，使得安集海辣椒不仅品质好、口感好，具有皮薄、肉厚、油多、籽香、辛辣适中等特点，更富含硒、钾、胡萝卜素等多种物质，营养丰富。

安集海镇种植着线椒、板椒、朝天椒、菜椒四大类二十余个主栽品种，成为全疆辣椒种类最全、品质最优的种植基地和交易集散地。同时，安集海辣椒还被销往陕西、湖南、云南、贵州、四川等辣椒加工集散大省，走向全国，并通过这些市场远销马来西亚、新加坡、日本、韩国等国家和地区。

柴窝堡辣子鸡之所以受到大众的喜欢和认可，不仅仅是因为它的口感独特、味道新颖，更是因为这一大盘色泽红艳的美味既有西北人的粗犷豪气，又融合了湖南人舌尖上的美味情调。

一盘辣子鸡包容的不仅是丰富多样的食材，更是新疆饮食文化的多元性；而它以独特的方式创造出的热辣，正如新疆人骨子里天然秉持的热情，连系着人们共同的情感。不论时光如何变迁，不管岁月如何流转，辣子鸡依然是人们心中的一份牵挂和乡愁。

新疆人对辣子鸡的这份情怀，也是游子思乡的理由。它是远归人不辞辛苦寻找的惦念，是出城路过时不可错过的执着，是哪怕开车远寻也要品尝一口的心甘情愿。

如果说新疆人的开朗热情，正如这盘娇艳欲滴、齿颊生香的绝味，那么新疆人骨子里的情怀，则是这绝味深藏于心底的鲜香。

百世芳华

大盘鸡

家乡的味道总能让潜藏的思念复燃，让人一重逢就热泪盈眶。对于远离新疆的孩子来说，大盘鸡就是那一路陪伴的家乡味道，锁定着千里之外的故乡。

与柴窝堡辣子鸡齐名的便是沙湾大盘鸡。

它们都以鸡肉为食材，却有着截然不同的风味。

沙湾县，是塔城地区的东大门。这个原本名不见经传的小地方，跟随着大盘鸡的美味声名远扬。

大盘鸡不仅仅是一道走向全国的美食，也是一张响当当的沙湾名片。

西戈壁镇的土鸡、安集海的辣皮子、乌兰乌苏的大葱、博尔通古乡的土豆，是沙湾大盘鸡的标配。每家大盘鸡店的做法，各有独特之处。

制作大盘鸡的主要食材

刘红艳家的大盘鸡店在沙湾开了 32 年。

因为炖煮土鸡需要 2 个小时，所以为了减少食客的等待时间，刘红艳会先把鸡肉放入铁锅中加入调料进行翻炒，待鸡肉水分煸炒干后加入开水，然后再把整锅大盘鸡倒入高压锅内，加入土豆，炖煮十多分钟后，再次将大盘鸡倒回铁锅，加入青红辣椒翻炒收汁。这样不仅缩短了食客等待用餐的时间，鸡肉也更加入味。

做好的大盘鸡，鸡肉劲而不柴，土豆软糯甜润。配上一份皮带面，就能吃得口齿生香。

天山脚下的金沟河河谷，峰峦叠嶂，美不胜收。

沙湾县西戈壁镇的马建兴夫妇经营着自己的土鸡养殖场。老两口利用资源优势开起了农家乐。他们家的大盘鸡不配皮带面，而是配一种香豆粉做的面饼。面饼贴在锅边，与炒过的鸡肉一起焖熟。一点小小的改变和创意，让他们家的大盘鸡有了不一样的风味。

美食步骤

用香豆粉制作面饼。

将面饼贴在锅边。

将面饼与炒过的鸡肉一起焖熟。

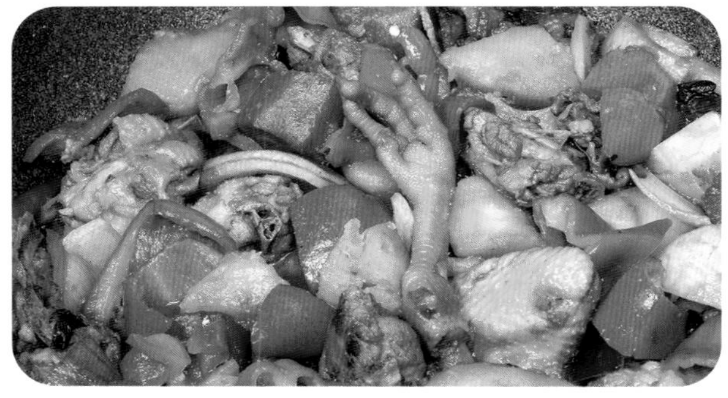

无论是辣子鸡，还是大盘鸡，如今都已经走入千家万户。

但在大部分人心目中，柴窝堡辣子鸡和沙湾大盘鸡仍然代表了这两种美食最地道的风味。

肥嫩多汁的鸡块、绵糯起沙的土豆、肉厚脆爽的青椒、香而不辣的红椒，再加上劲道的皮带面，裹上浓稠的汤汁，瞬间让人味蕾惊灼，思绪飘至千里之外。

大盘鸡在新疆的地位，就如同火锅之于重庆，早茶之于广东，生煎之于上海，拉面之于兰州……作为新疆十大经典名菜之一的大盘鸡，对于新疆人而言，总存有一份特殊的感情。

民间关于沙湾大盘鸡的传说，流传的版本实在太多。一则讲的是大盘鸡的创始人是一位宫廷御厨。这位御厨在御膳房当差时，大盘鸡是专门做给皇亲国戚享用的一道美食。御厨出宫后，便悄悄地将大盘鸡的做法带到了民间，传到了新疆，并在沙湾地区盛行。

另一个版本是民国初年，一位姓张的师傅从四川到沙湾安家落户，开了一家小餐馆，专卖辣子炒鸡块。由于这道菜用大盘盛装，于是被叫作“大盘鸡”。因其色香味俱全，吃起来十分可口，便在新疆各地流传开了。

还有一种说法，大盘鸡是长途车司机们吃出来的美食，这种说法在北疆的司机中流传较多。当时，由于开长途汽车从乌鲁木齐到伊犁、塔城、阿勒泰等地必须要经过沙湾，因此沙湾城内的马路两边有不少专为过往司机开的小饭馆。其中，一位四川师傅用能刺激开胃的干辣椒和青辣椒与鸡肉同炒，再配上土豆、宽面等，吃起来十分美味，深受大家欢迎。后来，这道菜慢慢演变成了今天的大盘鸡。

无论流传的版本有多少，都离不开沙湾。说起大盘鸡，大多数沙湾人都很自豪，在他们看来，沙湾是大盘鸡真正的发源地。其中，最有力的一个证据就是新疆大盘鸡的第一个注册商标诞生在沙湾。

很多老沙湾人都说沙湾大盘鸡的创始人是“老李”。这个人们口中的“老李”名叫李士林，20 世纪 70 年代，20 岁出头的李士林来到沙湾投奔父亲。在亲戚的介绍下，李士林开始在一家煤矿挖煤。当时煤矿的条件很艰苦，长期吃食堂的李士林觉得伙食不好，便自己开灶做饭。闲暇时，有朋友请他去帮厨做酒席，结果两次帮厨就帮出了名声，时间一长，李士林凭借精湛的厨艺成了当地颇有名气的厨师，他就租了间店面开饭店，取名“满朋阁”。别人都是以做牛羊肉菜为主，他却另辟蹊径做起了辣子炒鸡，慢慢的，来吃饭的人也越来越多。有一次，几个建筑公司的职工来到店里吃辣子炒鸡，虽然觉得味道好，但总感觉量太少。看到李士林拿了只整鸡从后堂出来时，就要求他把整只鸡都炒上。可是，炒好后的鸡块却没有足够大的盘子盛，于是李士林就用盛拌面的盘子盛了满满一大盘，客人们大呼过瘾。邻座的客人见状也纷纷要求来一份大盘装的炒鸡，沙湾大盘鸡也由此成形。

这一份缺一不可的大盘鸡，集肉、菜、面为一体，满满当当的一盘就是一桌筵席。

后来越来越多的饭店开始推出这种用大盘盛鸡块的做法，大盘鸡的名声也就传开了。一时间，沙湾县城的国道两侧涌现出了许多大盘鸡餐馆。

当香辣味浓的大块鸡肉被炖至软烂，再配上酥嫩金黄的土豆块，佐以色彩鲜艳的青红椒，二指宽的皮带面蘸着浓油赤酱的黏稠汁……这一份缺一不可的大盘鸡，集肉、菜、面为一体，满满当当的一盘就似一桌筵席。

如果说羊肉在新疆的风行与独特的物产有关，那么五花八门的鸡肉美食，则彻底显示出新疆人的爱吃、好吃和会吃。

烹饪沙湾大盘鸡讲究选用当地散养土鸡（有的地方也叫草鸡或柴鸡）为主要食材。土鸡长期以自然觅食或结合粗饲喂养而成，具有较强的野外觅食和生存能力。有别于笼养的肉鸡，土鸡被散养于山野林间，无大气、水质、土壤等污染。山坡上植物茂盛，土鸡终日在林间嬉戏生活，有足够的运动量，可充分享受到阳光。这种环境下生长的土鸡通常头小、脚细、体形适中、骨细皮薄，毛色相当鲜艳，外观尤其靓丽，鸡冠亮红且硕大。

由于散养土鸡多是野生觅食，相比饲养的肉鸡，土鸡的肉更加紧实，脂肪含量低，营养价值高，丰富的蛋白质、氨基酸、微量元素和各种营养素对于人体的保健具有重要的价值。

作为滋补类首选食材，土鸡可以有效增强体质，提高人体免疫能力，促进身体康复。清炖、烧烤、风干等各种烹饪料理方法，都能使其肉质精华得以体现。土鸡肉质细嫩、口感劲道，就算经过反复翻炒，肉质也不会变柴或是变老。

土豆，作为大盘鸡的经典碳水搭档，在烩入大盘鸡后，直叫人赞不绝口，也让越来越多的人爱上这道绝美之味。

博尔通古乡地处山区，气候相对温和，昼夜温差大，自然生态条件较好，特别适宜土豆的生长发育。其产出的土豆个体均匀、病虫害少、淀粉含量高、味正个大、皮薄色鲜、香甜可口，2002年通过自治区绿色产品认证。大盘鸡里沙绵香甜、软糯入味的土豆正来源于博尔通古乡。

除了土豆，还有一道大盘鸡必配的经典主食，那就是皮带面。它和大盘鸡的搭配，就像豆浆和油条一样，紧密不分。

面是最为素净又最为隆重的吃法，既是简朴的果腹之物，也可以衬托任何食材，容纳万千滋味。

二指宽的皮带面，放入大盘鸡中时必须要达到外溢的视觉效果才算正宗。将每一根面上都裹满油汁，在一片“稀里呼噜”的吃面声中，可以体会最痛快淋漓的新疆味道。

大盘鸡里除了搭档皮带面外，还可以与花卷、馕等主食相伴，既可饱肚腹，又能享口福。一道美食要想不被时代所淘汰，就要不断创新。于是，大盘鸡又衍生出了野蘑菇大盘鸡、酸菜大盘鸡等。

大盘鸡所征服的绝不只是新疆人的胃，它被带到全国各地后的魅力值也丝毫不减，现在全国大多数城市都能见到大盘鸡的身影。而在新疆也逐步衍生出了“大盘鹅”“大盘鱼”“大盘鸭”“大盘肚”“大盘胡辣羊蹄”等具有新疆特色的“大盘饮食系列”，并传遍全疆乃至全国，成为新疆饮食文化一道独特的风景。新疆菜肴的大盘系列不仅繁荣了餐饮业，还带动了新疆区域经济的发展。

早期奔赴新疆的支边者从事的多为开荒、屯垦等重体力劳动。中华人民共和国成立以来，支援新疆的大军多投身于油田、交通等基础建设工作。这些工作，对体力的消耗同样较大。身体疲累时，食物就是最好的慰藉。大盘上菜、大口吃肉，是劳动之后最具幸福感的事情。

通过食物获取热量，也是人类的本能。

地处西北的新疆，属于温带大陆性气候。寒冷的冬季占据了新疆近一半的时长，当别的城市秋意正浓时，新疆北部已然进入了天寒地冻的严冬。漫长寒冷的冬季，对人体热量的消耗极大，进食是储存热量最好的办法。严寒的自然环境，影响了新疆人的饮食习惯，分量足则成为新疆菜最基本的特点。

说起沙湾大盘鸡，还不得不提到一个人，他就是出生于新疆沙湾的作家方如果。2009年，方如果写了一本名叫《大盘鸡正传》的书，在书里他这样写道："西北的洋芋、东北的大葱、西南的辣椒，由一只鸡号令天下，各领风骚，归于致味。"

这一句话，道出了大盘鸡背后的饮食文化，那就是融合。天南海北的人相逢在新疆，所以大盘鸡中有四川的辣椒、甘肃的土豆、陕西的"biáng biang 面"。

包容的大盘鸡，俨然是新疆多民族生活习俗交融的缩影。"大"形容地域宽广，"盘"指汇聚和包容的热情；作为唯一主角的"鸡"，则很好地反映了大西北偏好肉食的舌尖张力。

从食客的角度上来说，大盘鸡这道菜肴几乎囊括了新疆各民族的饮食习惯。吃的虽然是一道菜，但体现出的却是家人一样的亲情。

走过千山万水，最难忘的还是家乡的味道。

走过千山万水，最难忘的还是家乡的味道。

大盘鸡就像沙湾的传家宝，而大大小小的大盘鸡店在沙湾也已经开到了上千家。

大盘鸡在沙湾的兴盛绝不仅仅是偶然，而是塔城地区富饶优渥的土地上种种得天独厚的优质物产聚集在一起产生的强大合力。这合力就来自于每一个辣椒，每一个土豆，甚至在每一瓣大蒜里……这一点一滴都是其他地方无法复制的舌尖味道。

舌尖劲舞

椒麻鸡

无论四季冷暖，椒麻鸡总是新疆食谱上奇妙而又和谐的存在。它是每一个远足的新疆人深藏在行李箱中的乡愁。不论身在何处，只要提起椒麻鸡这三个字，总有回忆涌上心头。

新疆人对于美食来者不拒，麻辣鲜香，各色各味都能找到知音。皮脆嫩、肉筋道，吃起来清香四溢、回味悠长的椒麻鸡自然大受欢迎。

椒麻鸡以土鸡为宜，但马金海经营的这家椒麻鸡总店选择价格更为亲民的蛋鸡为主材，因此他格外注重鸡肉的品质。不用隔夜的鸡肉，是马金海的烹调原则。

处理好的整鸡放入锅中，加上葱姜提鲜，炖煮 90 分钟。

把煮熟后的整鸡迅速放入加了冰块的凉水中，在冰水的刺激下，鸡皮变得爽脆，鸡肉更为紧致。

再将小线椒炒香，加入炖完鸡的鸡汤，配以花椒等多种调料……经过慢火烹制成的椒麻汁，既保留着鸡汤的鲜美，又有麻辣的风味，能起到极强的提鲜、提味作用。

食用椒麻鸡时，以手撕为宜，把切好的洋葱、香葱加入撕好的鸡肉里，还可加入自己喜爱的配菜，浇上椒麻汤汁拌匀，一份醇香十足、口感鲜麻的美味就完成了。

椒麻鸡中有葱蒜的辛，辣椒的辣，花椒的麻，还有鸡肉的鲜香。一如新疆人的生活，五味俱全，丰富而充实。

马金海家里有兄弟姐妹四人，烹饪椒麻鸡曾是母亲养家糊口的手艺。

长大后，马金海把这份手艺活当成了自己努力奋斗的事业。每当一家人相约在店里聚餐时，母亲都会亲手做一份椒麻鸡，这已经成为他们不成文的约定。

他们的日子在这种仪式感中，温情四溢。

在新疆有关鸡肉类的美食中，椒麻鸡是唯一可以让“嘴巴跳舞”的美食。特制的麻油包裹住每一块鲜嫩的鸡肉，入口的瞬间，涌入的是花椒和线椒浓烈的复合香气，嘴里也好像刮起了一阵旋风。

他们的日子在这种仪式感中，温情四溢。

手撕，大抵是所有的吃鸡方式中最过瘾的一种。椒麻鸡，也一定要手撕才够香。

鸡肉早已提前被煮得恰到好处，轻轻一揪，肉就能撕成细细的长条，充满纹理和质感。肉质细腻嫩滑，鸡皮筋道爽脆，每一块都饱吸了麻油、辣油和鸡汁，连骨头都入了味，值得一吮。如果说鸡肉是精髓之味，那么麻油则是灵魂所在。一道美味的椒麻鸡，一定要配最“上头”的麻油。

用花椒、线椒、藤椒、胡椒等香料熬制麻油，不亚于一次严峻的考验。即使经验丰富的师傅，也须慎重，火候、油温的掌控至关重要。秘制麻油搭配大锅熬煮的鸡汤，使得椒麻鸡的风味产生了不同层次感。首先是浓烈的麻，从嘴唇到舌尖都在一刹那“来了电”，产生出微微的酥麻感；随着辣味的爆发，与麻味形成“双重奏”，像是冬天里的一把火，吃完，全身暖和又舒坦。

麻油滋味的好坏完全取决于花椒的品质。

关于花椒有这样一个传说。在上古之时，巴蜀大地有一女子，名为花娇。她为了救治家中重病的父亲和兄长，经常独自上山找药，但医治了父兄许久仍未见康复。花娇心中十分煎熬又不愿放弃，最终精诚所至，感动天地。忽一日，花娇梦见一白髯老者，落在一座深山之巅，山巅有一棵大树，其果香味秉异。花娇梦醒便去寻找，历经艰险采得此果，将果拌入菜蔬，父兄食之，病有好转。村中人听闻，都想上山采此果为药，然而去者半途被虎狼所伤，无法到达山巅。花娇只得再次单独前往，及至此树，见一条巨蛇攀附其上，将树毁去大半，已无法入药。花娇内心苦痛，愿不惜一切代价拯救乡亲。及至梦中白髯老者告知花娇，欲救村人，需化为此树。花娇便舍身入山，化为此树，结满果实。村中人食之，又爽又麻，病情大好。为了感念花娇，村里人便将此果称为“花娇”。时间久了，“花娇”在传播中被写成了“花椒”。

到了先秦时期，人们已经懂得使用花椒作为药材。《神农本草经》记载，花椒具有“坚齿发”“耐老增年”的作用。汉代名医张仲景在其著作《金匮要略》中也讨论了花椒能治寒痛和饮食不振。从汉代开始，人们对花椒的医药作用有了明确的认知。南北朝之后，我国大部分医药典籍中都出现了花椒的身影。

而在民间，花椒还是男女之间传情达意的信物。《诗经·国风·陈风·东门之枌》中写道：“视尔如荍，贻我握椒。”女子赠送男子一把花椒，以表达愿与之交好的情意。美丽而含蓄的表白，更增添了几分浪漫色彩。

从北魏时期贾思勰的《齐民要术》里关于“花椒脯腊”的记载中，可洞悉花椒在当时已开始被当作调料品使用。陆玑在《毛诗·草木鸟兽虫鱼疏》中写道：“椒聊之实……蜀人作茶，吴人作茗，皆合煮其叶以为香。今成皋诸山间有椒，谓之竹叶椒，其树亦如蜀椒，少毒热，不中合药也，可著饮食中。又用蒸鸡豚最佳。”说明早在三国时期，巴蜀地区的人们就已经开始在饭菜中使用花椒了。

作为芸香科植物的花椒，其经济利用部分主要是果实，其果实又主要为果皮。花椒之麻，麻在果皮，果皮富含挥发油和脂肪，具有浓郁的麻香味。

花椒作为中国特有的香料，在肉食加工中占有举足轻重的地位，位列调料“十三香”之首。由于肉类腥味较重，因此在制作荤食菜肴时，无论是红烧、卤制，还是煎炒，均可以用到花椒。

花椒作为调味品，还可粗磨成粉，再与盐拌匀即为椒盐，供蘸食用，以满足人们对辛香美味的追求。

除了用花椒熬制的麻油外，椒麻鸡里必配的当然就是洋葱了。如果说麻油是唇间拂过的风，那洋葱的清甜甘冽就是舌尖上的绝妙山水。

洋葱是一种集营养、医疗和保健于一身的特色蔬菜，分为红皮洋葱、黄皮洋葱、白皮洋葱三种。洋葱在我国分布很广，南北各地均有栽培，而且种植面积还在不断扩大，是我国主要种植的蔬菜之一。

洋葱在新疆是极具存在感的食材，除了清爽解腻的口感，其所具备的功效也不容小觑。

如果说麻油是唇间拂过的风，那洋葱的清甜甘冽就是舌尖上的绝妙山水。

洋葱不仅能增强人体内的新陈代谢，还有抗衰老、预防骨质疏松等功效。同时，由于富含“血管扩张剂”前列腺素 A，洋葱还可降低血管阻力、血黏度及血压，提神醒脑，缓解压力，故被人们称为“蔬菜皇后”。

新疆诸多荤食之中也常常会出现洋葱的身影，清炖羊肉、马肉纳仁、烤包子、薄皮包子、爆炒羊肚、黑白肺、过油肉、红烧羊蹄等美食中都必须有它。即使是在馕坑肉、架子肉等烧烤中，也要配一盘切成片的洋葱搭着吃才算正宗，就连馕上也要有切碎的洋葱。由此可知，椒麻鸡中的洋葱绝对是点睛之笔的存在。

人们常说，吃完椒麻鸡，嘴皮子要是没打颤，那它一定不是一盘地道的新疆椒麻鸡。其实，椒麻鸡本就是川菜的代表之一，由四川传至新疆后，被新疆人进行了改良，制成了来自五湖四海的新疆人更喜爱吃的具有“新疆风味”的“新疆椒麻鸡”。而椒麻鸡的配菜，也无需拘泥

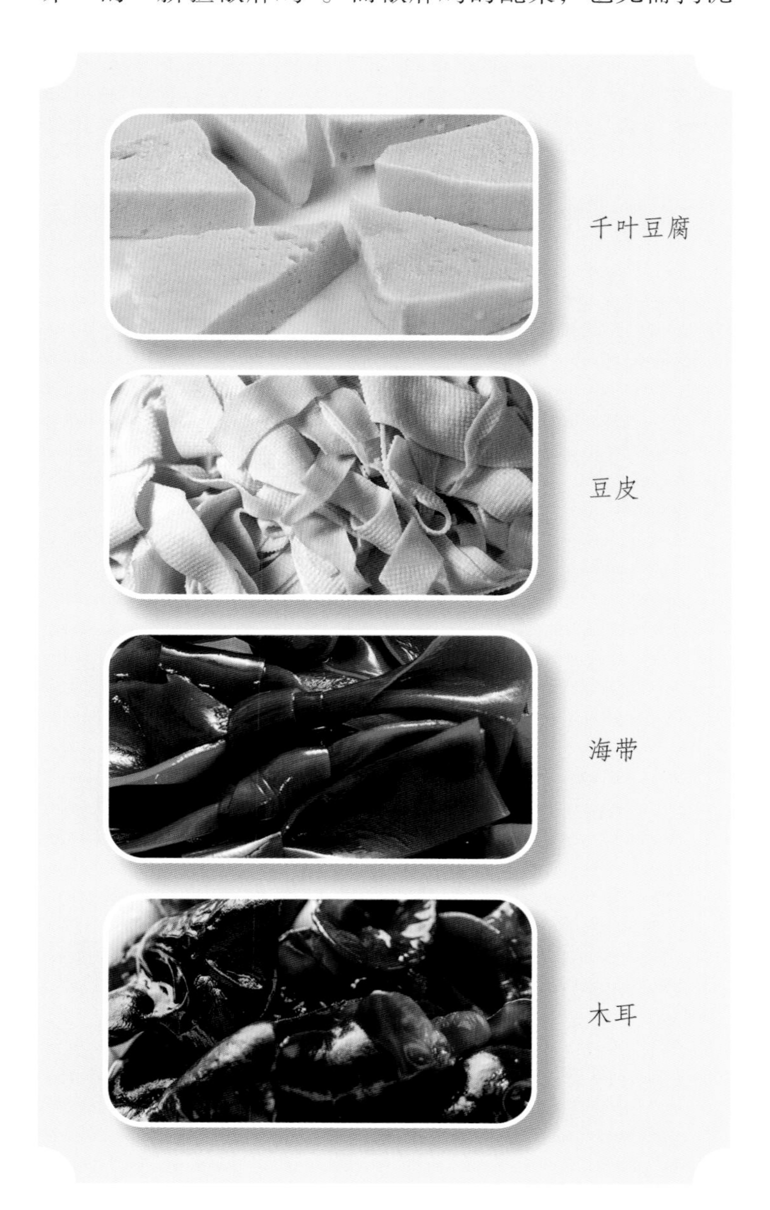

千叶豆腐

豆皮

海带

木耳

于固定的形式。无论是千叶豆腐、木耳，还是海带、豆皮，都可配入，抑或是一碗椒麻鸡馄饨、一盘椒麻鸡拌面、一口椒麻鸡米粉……多样的吃法，总能让这道美食创造出更多的花样。

任何一种美食受到青睐，都不是一件简单的事情。因为食客的口味千差万别，要在长期的实践中获得一个口味的交汇点，才能使这种美食得到大多数人的认可。其实，这就是民族大融合过程中的一个实践，这种实践自然融入了不同民族之间的情感和包容的心态。这道有滋有味的椒麻鸡，起源于饮食文化风靡全球的四川，扎根在物产丰饶、瓜果飘香的新疆，让每个身处异乡的新疆人无论走到哪里都魂牵梦萦。就让这故乡的味道和这绝妙的风味，长久地在舌尖回味、萦绕，驶向未来的旅程。

飞雁凝香

罐焖飞鹅

天赐新疆美，地赋飞鹅香。每份新疆物产的背后，都有着独特的地理特性和人文情怀。不仅让人们食之有味，更蕴含着新疆人对家的情感。有些老味道，就是那长久以来让人无法忘怀的记忆中的幸福。

新疆塔城地区三面环山，湿地密布。

当地人习惯将家鹅放在野外散养，这便为家鹅与野生大雁的杂交提供了条件。飞鹅，便是它们爱情的结晶，也是飞鹅美食的主材。

萨哈提是额敏县专业的飞鹅养殖员，在草原上赶着飞鹅放牧，是他每天的工作。多年的养殖经验，让萨哈提对于自家飞鹅肉的品质极度自信。相比于普通家养鹅来说，飞鹅肉质细腻，香味浓郁，味道鲜美可口，为禽肉中之上品。

塔城人认为飞鹅具有珍贵的滋补功效，他们运用十八般武艺，爆炒、熏烤、炖煮，把飞鹅美食折腾出各式花样。

厨师长陈龙经验丰富，对于如何烹制出更美味的飞鹅有着自己独特的办法。

鹅肉剁块，加入黄萝卜、芹菜、洋葱腌制一段时间，然后冷水下锅，炖上3个小时后捞出切块，再放入罐中，加入红枣，焖烤40分钟，最后配上葱花调味。一道色泽油亮、鲜香美味的罐焖飞鹅是餐桌上最美的风景。

这些年来，塔城人将飞鹅的传统做法与不同口味需求相结合，创新出了包括罐焖飞鹅、蜜汁烤飞鹅等新品菜肴在内的全鹅宴，大大丰富了飞鹅美食的内容。

到塔城去，品飞鹅宴，是美食爱好者的新时尚。

在新疆广袤的土地上有这样一座城市，雨霁晨曦，千万缕金丝浮游中天，普照大地。树木交错的枝梢，繁盛苍劲的枝干，诉说着古老而悠长的岁月。绿色的大地，好似一张布满着星星点点花园的地图，又像是一幅鲜活的油画。这就是被誉为“油画中的城市”——塔城。

在塔城地区的库鲁斯台草原上，生活着一种会飞的家鹅，它就是新疆飞鹅。据说在200多年前，一位名叫巴特的牧民在草丛之中发现了两枚大雁蛋，就把蛋捡起来带回了家，放在炕角的火墙上。过了几天，巴特夫妇放牧回来，发现从破裂的蛋壳中竟蹦出了两只一模一样的小灰雁。小灰雁的出生，给巴特夫妇带来了许多欢乐。转眼间，两只小灰雁在夫妇俩的精心喂养下长大了。可谁想到，一场暴风雨竟让这对和巴特夫妇朝夕相处的灰雁突

然失踪，直到第十天的早晨才又重新飞了回来，从此便繁衍栖息在巴特夫妇的家中。后来，巴特夫妇便把繁殖出来的灰雁作为珍品赠予亲友，一家传十家，十家传百家，传遍了草原上的牧民家。这对灰雁死后，巴特夫妇就将它们平时掉下的雁翎插在自己的帽子上，以作怀念。

飞鹅在塔城地区已经有很长的历史了。一代代灰雁经过人工驯化，又与当地土鹅进行杂交，演变成头顶无瘤、食草、善飞、抗寒、耐粗饲的新疆飞鹅。

新疆飞鹅无论是外形、体态、羽色还是其他生理特性都与灰雁相似，至今仍保留有一定的野雁习性。也许是被驯化的历史较短，也许是新疆地广人稀，飞鹅早上会从农牧民的家中飞出去觅食，晚上再飞回来，早出晚归，不需专人看管。

飞鹅的鸣叫声非常洪亮，声音可以传到很远的地方。因此，春秋季节候鸟迁徙时，飞鹅的叫声往往让人产生大雁来了的错觉。

随着新疆飞鹅遗传资源保护区的成立，新疆飞鹅的保种养殖工作得以确立。通过科学管理、统一的技术服务等一系列措施，2020 年，新疆飞鹅养殖规模突破 50 万只，蛋肉产量不断提高，成为当地重要产业。

飞鹅不仅盘活了新疆塔城飞鹅产业链，更增强了产业发展竞争力，带动了地方经济的发展。

如今，鹅肝、鹅肠、鹅掌、速冻鹅、风干鹅、速食鹅等系列产品通过亚博会等平台，每年有数百吨被销往北京、上海、武汉等地。

新疆飞鹅不仅盘活了新疆塔城飞鹅产业链，更增强了产业发展竞争力，带动了地方经济的发展，让塔城成为“中国飞鹅之乡”。

鹅肉被誉为“世界肉品之王”，营养价值极高，是理想的高蛋白、低脂肪、低胆固醇的营养健康食品。由于鹅肉能入脾、肺、肝，因此常食鹅肉、喝鹅汤，可补益五脏，止咳化痰。同时，鹅肉中所含的亚麻酸含量均超过其他肉类，具有脂肪熔点低、质地鲜嫩松软的特点，很容易被人体消化吸收。因此，鹅肉炖萝卜、鹅肉炖冬瓜等汤品，都是秋冬滋补的佳肴首选。

飞鹅美食做法多种多样，熏、烤、烹、炖，各种烹饪方法均受人们欢迎。油淋飞鹅，有点类似烤鸭的做法，外皮酥脆，肉质紧实，蘸上秘制的酱料，奢求的是吮指一瞬间的美妙。酱香飞鹅、红烧飞鹅，讲究的是炖煮后的入味，加入腐竹及宽粉，再配上沾满肉汁的飞鹅肉，那滋味妙不可言。各种飞鹅的养生汤，小火慢炖，奢求的则是那一勺精华的入味。熏鹅肉抓饭在塔城最为有名，是塔城宴席上的一道美味佳肴。

不得不提塔城还有一道美味珍馐，那就是罐焖飞鹅。

罐焖飞鹅的制作方式，来源于国宴大菜——俄罗斯罐焖牛肉。罐焖牛肉最独特的地方，就是将所有的食材先用香料调好味后，配以高汤放在小陶罐里焖烤成熟。也可以用大陶罐焖好菜后，分装在小陶罐里保温，吃的时候一人一个小罐子。

其实，这与另一道新疆美食缸子肉的做法很像，也有点儿类似于四川的砂锅。不同的是，中式砂锅菜以鲜、香著称，而俄式罐焖菜则以酥软香肥、滋味醇厚见长。

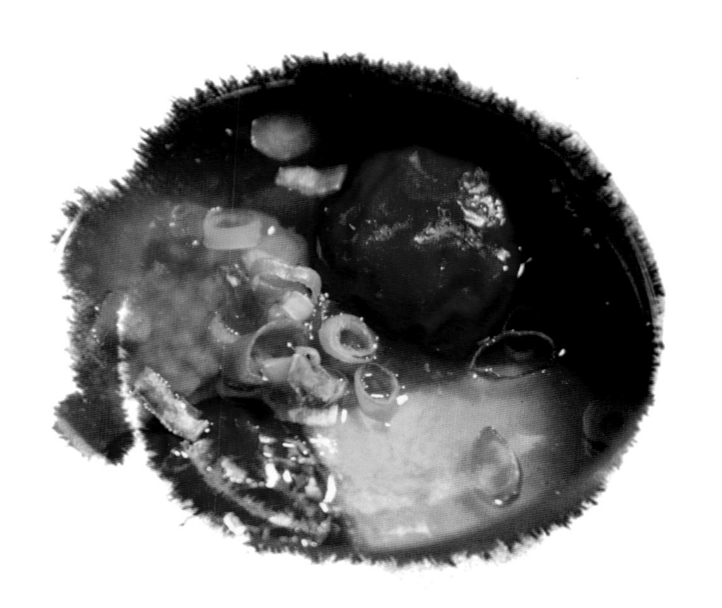

通常，制作罐焖飞鹅需历经 4~5 小时的精心烹制，绝对称得上是一场肉食主义的盛宴。

当焖好的鹅肉混合着芹菜的清香、黄萝卜的甜香、红枣的果香开始肆无忌惮地向外弥蔓时，挑起一块酥软鲜香的鹅肉放入口中，那香喷喷、暖融融的滋味让人回味无穷、唇齿留香，久久不能释怀。

为什么塔城地区的罐焖飞鹅会源自俄罗斯呢？塔城地区是新疆俄罗斯族聚居较多的地区，他们主要是从俄罗斯移居而来。因此，塔城地区的美食中融入俄式风格，也是由于各民族长期生活在一起，人们逐渐做到了语言相通、饮食相习、歌舞相融。

罐焖飞鹅的确可以为家宴增添一分色彩。虽说制作起来有些许麻烦，但是当一家人其乐融融地围着热气腾腾的餐桌时，再辛苦也是值得的。罐焖飞鹅，不仅让新疆的特色元素得以绽放，更让浓烈的西北风味与浓郁的俄罗斯美味淋漓挥洒。如此也就不难理解为什么人们会对飞鹅心生向往了。

碗中的家

羊排揪片子

四方食事，皆由温饱而起。食材都是有温度的，它们不仅是滋味，还有人情味。一大盘色泽油亮、汤鲜味美的羊排揪片子浓缩着家的味觉，是广布四海的新疆人知根知底的故乡美味。

新疆人除了探索羊身上各个部位的美味外，对羊肉的热爱更是体现在花样繁多的烹饪料理中，比如特克斯的羊排揪片子。

特克斯是伊犁河谷中的一个小县城,也是有名的“八卦城”。

马真英十几岁时就从老家甘肃来到新疆学厨艺，闯荡多年后，最终在特克斯开了一家农家乐，羊排揪片子便是农家乐里的特色主食。

新鲜羊排放入水中煮熟，只需放盐调味，肉炖熟后加入切好的胡萝卜和土豆块，长时间文火慢炖。新鲜羊排释放浓郁的鲜香，胡萝卜贡献淡淡的甘甜，土豆饱含软糯的淀粉……多种味道在汤汁中交融缠绵。

炖熟的肉中，要加入一种名为“揪片子”的面食。

揪片子，是新疆人熟悉的一道家常饭。把和好的面用手揪成片状需要一定的技巧，不仅要保证揪的速度，还要保证面片的大小及厚薄，否则就会影响面片的口感。

无论是清炖羊排还是揪片子，都是最为常见的美食。马真英用自己的奇思妙想，将二者混搭，寻常味道也变得别具风味。

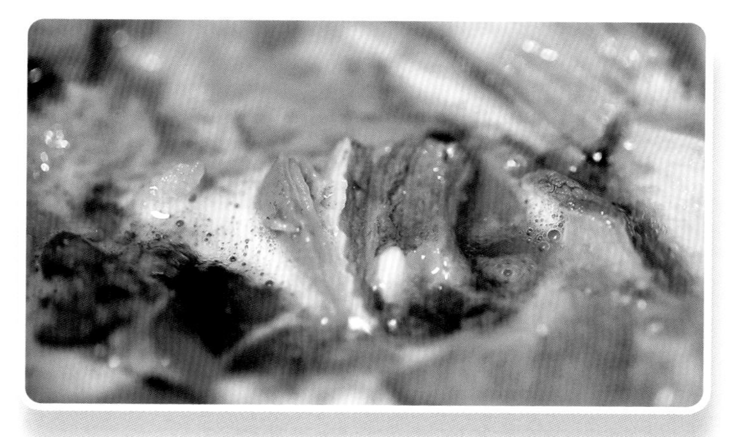

特克斯县城又称“八卦城”，是迄今为止世界上唯一一个建筑正规、卦爻完整、规模最大的八卦城，2001 年被上海大世界吉尼斯总部评为“最大规模的八卦城”，2007 年又被国务院评为“国家历史文化名城”，2020 年 11 月被评为“国家 AAAA 级旅游景区”。

特克斯县城有 8 条主干道，加上 4 条环路，整座县城环环相连，道道相通。四通八达的街道和交错纵横的小巷难分东西，极易转向，让初到之人很容易迷失其中。

一进特克斯的地界，就会看到“三羊开泰”的群羊雕塑，三只活泼可爱的羊儿“祝福”人们吉祥如意。特克斯县因羊而得名，作为特克斯的招牌迎客美食——羊排揪片子就流行于这里。

羊排揪片子是由羊肉、西红柿、辣椒、胡萝卜、土豆等食材做成，汤上面飘着一层晶莹诱人的油花。羊肉都是连骨带肉的，直接上手啃，不腻不膻，鲜嫩爽口，既筋道也有嚼劲，火候也是刚刚好。揪片子薄厚适中，入口软滑，连每一块的大小都近乎一致。胡萝卜和土豆中浸着汤汁的鲜美，吃起来沙沙糯糯的，分外美味。吃到差不多时，用一碗鲜香浓稠的羊排汤收尾，幸福的感觉油然而生。

益气补肾的新疆羊肉、养肝明目的胡萝卜、朴实和胃的土豆、玲珑翠绿的青椒、不可或缺的西红柿以及营养丰盛的时令蔬菜如众星捧月一般抱成一团，簇拥着心灵手巧的厨师揪出这一锅味道鲜美的羊排揪片子。

不知道是从什么时候开始，新疆人喜欢上了汤饭。汤饭这种美食集主食、肉、汤、菜为一体，将荤素、营养合理搭配，成为许多新疆家庭餐桌上出镜率很高的一道美食。虽然它没有大盘鸡、烤包子、抓饭那么响亮的头衔，但是对于土生土长的新疆人而言，几乎隔三差五就要吃上一顿。

新疆汤饭在传统的制作过程中，往往要在汤料中放许多不同的蔬菜，最常见的就是胡萝卜、土豆、青菜、西红柿等。特别爱吃羊肉的人家，通常会熬制一大锅羊肉汤，用来制作不同配菜的羊肉汤饭。

汤饭的主要食材

“南稻北麦”的历史格局，造就了北方特有的面食文化，面食也伴随着每个新疆人的成长；而它与羊肉似乎存在着一份特殊的友情，纳仁、烤包子、薄皮包子、羊肉焖饼、扁豆面旗子、过油肉拌面等，都是与羊肉的完美结合。

对于新疆人来说，羊肉绝对是佳肴盛宴上当之无愧的主角。

在羊的众多部位中，羊排当属羊肉中的极品。羊排性温，冬季吃不仅可以增加人体热量，抵御寒冷，而且还能增加消化酶，保护胃壁，修复胃黏膜，帮助消化。同时，这个部位的羊肉肥瘦相间，肉质非常软嫩，所以一直是餐厅热销的一道美食，拿来烤、涮、炒、烧、焖、烩，都味香醇美。

如果说烤羊排用香酥来形容，那么炖羊排则是用鲜美来描绘。炖羊排的搭档，非胡萝卜莫属。胡萝卜，又名黄萝卜、番萝卜、丁香萝卜、小人参，因为它主要的食用部分是根，对土壤的养分有较高的需求，因此更适宜生长在土质疏松、养分充足的沙壤土地中。新疆的土质恰好非常适合胡萝卜生长，加之日照时间长，因此胡萝卜的含糖量特别高。

胡萝卜的营养价值非常丰富，从中医的角度来看，胡萝卜味甘、性平，具有健脾和胃、清热解毒、补肝明目等功效。

胡萝卜和羊肉是黄金搭配。胡萝卜能去除羊肉的膻味，让羊肉的味道更加纯正；而胡萝卜在吸收了羊肉汤汁后也变得更加可口，有清爽解腻的作用。当然，最重要的还是它们结合后产生的营养价值。羊肉中含有的蛋白质和钙、镁、磷等矿物质能够为肌肉和骨骼的生长提供原料，具有强健筋骨的功效；而胡萝卜中的胡萝卜素是脂溶性物质，与羊肉一起烹调，更有利于人体对胡萝卜素的吸收。因此，在新疆的美食中，常常能看见羊肉与胡萝卜的搭配。可见，新疆人在美食上的智慧不仅仅是因地制宜的就地取材，还有精心搭配的营养均衡。

不论是辣子鸡、大盘鸡、椒麻鸡，还是罐焖飞鹅、羊排揪片子……总有一些老味道在执着传承，也总有一些新元素在不断融入，就这样于古往今来的一餐一饭中轮回着，在味蕾上慢慢沉淀，在情怀中日日增长。

在新疆，无论走到哪里，总有难以忘怀、回味无穷的大盘美食，总有与众不同、风情万种的大千文化，总有恢弘壮阔、浪漫清新的大美风景。

这里的人们敬畏自然，尊崇历史，也让文化传承繁衍。

他们运用生存的智慧不断求索，满怀对幸福生活的向往。

春去秋来，岁月流转，生生不息。